José Carlos Poma Loayza
Carlos Poma Ramos
Gustavo Richard Veliz Espinoza

POLÍMERO POLIACRILAMIDA (PAM) EN LA ESTABILIZACIÓN DEL SUELO

José Carlos Poma Loayza
Carlos Poma Ramos
Gustavo Richard Veliz Espinoza

POLÍMERO POLIACRILAMIDA (PAM) EN LA ESTABILIZACIÓN DEL SUELO

UN ESTUDIO DEL PAM PARA LA ESTABILIZACIÓN DE SUELOS EN CARRETERAS

Editorial Académica Española

Imprint

Any brand names and product names mentioned in this book are subject to trademark, brand or patent protection and are trademarks or registered trademarks of their respective holders. The use of brand names, product names, common names, trade names, product descriptions etc. even without a particular marking in this work is in no way to be construed to mean that such names may be regarded as unrestricted in respect of trademark and brand protection legislation and could thus be used by anyone.

Cover image: www.ingimage.com

Publisher:
Editorial Académica Española
is a trademark of
Dodo Books Indian Ocean Ltd. and OmniScriptum S.R.L publishing group

120 High Road, East Finchley, London, N2 9ED, United Kingdom
Str. Armeneasca 28/1, office 1, Chisinau MD-2012, Republic of Moldova, Europe
Printed at: see last page
ISBN: 978-613-9-40669-2

<u>INDICE</u>

INDICE DE TABLAS

RESUMEN

En la presente investigación se planteó como **problema general:** ¿De qué manera influye la aplicación del polímero poliacrilamida (PAM) en la estabilización del suelo en las carreteras vecinales de la Provincia de Angaraes - Huancavelica?, cuyo **objetivo general** fue: Determinar la influencia de la aplicación del polímero poliacrilamida (PAM) en la estabilización del suelo de las carreteras vecinales de la Provincia de Angaraes – Huancavelica, y la **hipótesis general**: Influirá en las propiedades físico – mecánicas con la aplicación del polímero poliacrilamida (PAM) en la estabilización del suelo de las carreteras vecinales de la Provincia de Angaraes – Huancavelica.

El método general de investigación fue científico, de tipo aplicativo, de nivel de investigación descriptivo – explicativo, de diseño cuasi experimental, la población fue todas las carreteras vecinales de la Provincia de Angaraes y la muestra no probabilística estuvo constituida por la carretera vecinal Tramo Lircay – Jatumpata – Mitoccasa –Dv. Ccollpa – Pitinpata – Perccapampa, la cual posee una longitud de 16 + 670 km.

La investigación concluyo que al aplicar el polímero poliacrilamida (PAM) al material de cantera esta influye en sus propiedades físico – mecánicas, mejorando su vida útil y reduciendo su intervalo de intervención (mantenimiento periódico).

Palabras claves: Polímero, Poliacrilamida (PAM), Estabilización del suelo, Niveles de servicio.

ABSTRACT

In the present thesis, the following general problem was raised: How does the application of the polyacrylamide polymer (PAM) influence the stabilization of the soil in the neighborhood roads in the Province of Angaraes - Huancavelica ?, whose general objective was: To determine the influence of the application of the polyacrylamide polymer (PAM) in the stabilization of the soil of the neighborhood roads in the Province of Angaraes - Huancavelica, and the general hypothesis: It will influence the physical-mechanical properties with the application of the polyacrylamide polymer (PAM) in the stabilization of the soil of the neighborhood roads in the Province of Angaraes - Huancavelica.

The general research method was scientific, of an applicative type, of a descriptive-explanatory research level, of a quasi-experimental design, the population consisted of all the neighborhood roads of the Province of Angaraes and the non-probabilistic sample consisted of the Lircay - Jatumpata road. - Mitoccasa –Dv. Ccollpa - Pitinpata - Perccapampa, which has a length of 16 + 670 km.

The investigation concluded that by applying the polyacrylamide polymer (PAM) to the quarry material, it influences its physical-mechanical properties, improving its useful life and reducing its intervention interval (periodic maintenance).

Keywords: Polymer, Polyacrylamide (PAM), Soil stabilization, Service levels.

INTRODUCCION

Las carreteras de bajo volumen de tránsito no pavimentadas en el Perú, en su mayoría se encuentran deterioradas, en comparación de otros países debido al alto costo de inversión para el mantenimiento de estas. En la Provincia de Angaraes, debido a las fuertes precipitaciones pluviales, en los meses de diciembre a marzo, las plataformas de sus vías vecinales se deteriorar rápidamente por lo que se plantea la presente investigación titulada **"APLICACIÓN DEL POLÍMERO POLIACRILAMIDA (PAM) EN LA ESTABILIZACION DEL SUELO EN LAS CARRETERAS VECINALES DE LA PROVINCIA DE ANGARAES – HUANCAVELICA"** para el mejoramiento de las propiedades físico-mecánicas del suelo.

La presente Investigación comprende de cinco capítulos las cuales son:

CAPITULO I: Como primer capítulo se describe la problemática de la investigación, donde se formula el problema general y los otros problemas específicos, justificación, delimita y posteriormente se determina los objetivos.

CAPITULO II: En el segundo capítulo se desarrolla el marco teórico, donde se ilustra los antecedentes nacional e internacional con las definiciones de los términos; en este punto se plantea la hipótesis y las variables de la investigación, los cuales son importantes para el desarrollo de la presente investigación.

CAPITULO III: En el tercer capítulo es parte de la metodología de investigación, en la cual se describe el método de investigación, tipo de investigación, nivel de investigación, diseño de investigación, población, muestra, técnicas e instrumentos de recolección de datos.

CAPITULO IV: En el cuarto capítulo de detalla los resultados de la investigación, los cuales son obtenidos los ensayos de laboratorio de mecánica de suelo tanto de la cantera principal como de la combinación con el polímero poliacrilamida y de evaluación del nivel de servicio de la carretera vecinal.

CAPITULO V: En el quinto capítulo se plasma la discusión de los resultados donde se analiza y evalúa los resultados obtenidos.

Posterior a ello se da a conocer las conclusiones de la investigación, las recomendaciones, las referencias bibliográficas y por ultimo los anexos.

Bach. JOSE CARLOS POMA LOAYZA

CAPITULO I
EL PROBLEMA DE INVESTIGACION

1.1. Planteamiento del problema

En los países de Latinoamérica, existe una deficiente infraestructura de transporte en cuanto a carreteras no pavimentas, estas se encuentran deterioradas, debido al poco mantenimiento que estas requieren para la conservación de los niveles de servicio, en comparación de la infraestructura vial europea.

En el Perú las carreteras de bajo volumen de tránsito no pavimentadas, tienen gran consideración en el desarrollo local, regional y nacional, ya que estas tienen 90232 km de superficie de rodadura a nivel nacional. Uno de los problemas más importantes que se presentan a nivel nacional es el alto costo de inversión para el mantenimiento de estas vías vecinales.

RED VIAL (N° Rutas)	EXISTENTE POR TIPO DE SUPERFICIE DE RODADURA				PROYECTADA	TOTAL	
	PAVIMENTADA	NO PAVIMENTADA		SUB TOTAL			
		Afirmada	Sin Afirmar				
NACIONAL (130)	14,747.74	7,631.51	2,214.16	24,593.40	1,901.29	26,494.69	17.7%
DEPARTAMENTAL (386)	2,339.72	14,263.37	7,632.04	24,235.12	4,794.49	29,029.62	19.4%
VECINAL (6,244)	1,611.10	19,231.34	71,001.39	91,843.83	2,291.83	94,135.66	62.9%
TOTAL	18,698.56	41,126.21	80,847.59	140,672.36	8,987.61	149,659.97	100%

Figura 1. Sistema Nacional de Carreteras en el Perú
Fuente: Dirección General de Caminos y Ferrocarriles

La evaluación para un afirmado de una superficie de rodadura de bajo volumen de tránsito, es de acuerdo al costo-beneficio que realiza el estado y determina la viabilidad del proyecto, las cuales en su mayoría no son sostenibles, algunas de estas cuentan con operación y mantenimiento, estos costos de operación son muy altos.

La Provincia de Angaraes cuenta con 1500 km de vías vecinales, solo un 10% de estas cuentan con atención, a través del Instituto Vial Provincial de Angaraes, siendo un problema fundamental la conservación de sus niveles de servicio, el mismo que repercute en los altos costos de mantenimiento e inversión por parte del estado. Estos carreteras vecinales en la Provincia de Angaraes tienen un IMDA (índice Medio Diario Anual) promedio de 20 a 60 vehículos/día las cuales impiden mayor inversión en el mantenimiento o rehabilitación de estas vías.

En el Distrito de Lircay en los meses de diciembre, enero, febrero y marzo a causa de las fuertes precipitaciones pluviales, las plataformas de sus vías vecinales se deterioran rápidamente, formando baches, ahuellamientos, encalaminado, pérdida de bombeo; y las fuentes de materiales con las que cuentan los caminos vecinales están constituidas por materiales arcillosos lo cuales son susceptibles al agua. De acuerdo a las normativas vigentes un mantenimiento periódico tiene un intervalo de intervención cada 4 años, sin embargo, estas al utilizar materiales arcillosos que son susceptibles al agua se deterioran rápidamente, siendo uno de los factores principales las precipitaciones pluviales (factores climatológicos). La efectividad de este tipo de intervenciones es menor a 10 meses, las cuales generan gastos al estado y deficiencias en los niveles de servicio.

El Vía Vecinal: Lircay – Jatumpata – Mitoccasa –Dv. Ccollpa – Pitinpata
- Perccapampa, Provincia de Angaraes, Departamento de Huancavelica,
es una carretera de bajo volumen de tránsito con un IMDA de
54 vehículos/día, el cual tiene una longitud de 16+670 km. Esta vía
tiene afirmado de un espesor de 15 cm, con un ancho de plataforma de
4.00 m con bermas a los extremos de 0.50 m, así como cunetas al lado
del talud del terreno de un ancho de 0.75 m por 0.30 m de altura.

En el año 2019 se realizó el mantenimiento periódico de este via
vecinal, las cuales al poco tiempo debido a las fuertes precipitaciones se
erosionó rápidamente las cuales causaron desprendimiento de los
agregados, baches, encalaminado y ahuellamiento. En febrero del año
2020, se inició el mantenimiento rutinario, donde se verifico que
efectivamente a los pocos meses se deterioró la estructura del
afirmado:

En la actualidad los niveles de servicio de esta carretera vecinal
se encuentran en pésimas condiciones, generando así malestar en
los transportistas y habitantes aledaños a la zona; razón a la cual se
plantea utilizar la aplicación de una solución básica (polímero
poliacrilamida PAM) tal como recomienda el documento técnico de
soluciones básicas en carreteras no pavimentadas para incrementar
las propiedades del suelo debido a que sufren el rápido deterioro de la
superficie de rodadura por efectos del tránsito y el clima; y también el
criterio de reducir la utilización de materiales procedentes de otros
lugares .

1.2. Formulación y sistematización del problema

1.2.1. Problema general

¿De qué manera influye la aplicación del polímero poliacrilamida (PAM) en la estabilización del suelo en las carreteras vecinales de la Provincia de Angaraes - Huancavelica?

1.2.2. Problemas específicos

a. ¿Cuál es el comportamiento del Índice de plasticidad del suelo estabilizado con la aplicación del polímero poliacrilamida (PAM)?

b. ¿Cuáles son los valores de la capacidad de soporte (CBR) obtenidos del suelo estabilizado con la aplicación del polímero poliacrilamida (PAM)?

c. ¿De qué manera mejoraría los niveles de servicio con la aplicación de polímero poliacrilamida (PAM)?

1.3. Justificación

1.3.1. Practica o social

La investigación beneficiara positivamente a los beneficiarios directos e indirectos de la zona de estudio, mejorando el nivel de confort para los viajeros, reducir el tiempo de viaje, reducir las tarifas, y/o otros muchos efectos positivos.

Mejorará Socialmente, porque incide en la producción agropecuaria, para llevar de los centros de producción al mercado, rentabilizando sus ingresos, estatus familiar, social, en el presente y a futuro.

1.3.2. Científica o teórica

La justificación es que existen estudios técnicos, científicos de nuevas tecnologías en estabilización de suelos, que solo tienen aplicación en carreteras de alto volumen de tránsito como las carreteras departamentales y nacionales.

Siendo, un reto de investigación la importancia de su aplicación en carreteras de bajo volumen de tránsito. Demostrar que son más rentables económicamente en el tiempo comparativamente con lo tradicional, y con el ahorro en costos de operación y mantenimiento, vida útil del proyecto.

1.3.3. Metodológica

Dados los resultados positivos de la investigación y con la aplicación de los procedimientos de laboratorio utilizados para demostrar la validez, servirán para futuras investigaciones que involucren la aplicación de polímeros Poliacrilamida (PAM).

1.4. Delimitación

1.4.1. Espacial

En la presente investigación se dará el desarrollo espacial en la carretera vecinal: Lircay – Jatumpata – Mitoccasa –Dv. Ccollpa – Pitinpata - Perccapampa.

- Región   :   Huancavelica
- Provincia   :   Angaraes
- Distrito   :   Lircay
- Localidad   :   Lircay – Jatumpata – Mitoccasa – Dv. Ccollpa – Pitinpata - Perccapampa

1.4.2. Temporal

La presente investigación se desarrollo en el año 2021, así mismo se tomó precedente de proyectos ejecutados a nivel nacional e investigaciones desarrollados anteriormente desde el año 2015 al 2021.

1.4.3. Económico

Los gastos que comprenden para el desarrollo de la presente investigación que incluyen el trabajo de campo y de laboratorio serán asumidos en su totalidad por el investigador.

1.5. Limitaciones

1.6. Objetivos

1.6.1. Objetivo general

Determinar la influencia de la aplicación del polímero poliacrilamida (PAM) en la estabilización del suelo en las carreteras vecinales de la Provincia de Angaraes – Huancavelica.

1.6.2. Objetivos específicos

a) Analizar el comportamiento del índice de plasticidad del suelo estabilizado con la aplicación de polímero poliacrilamida.

b) Evaluar los valores de capacidad de soporte (CBR) obtenidos del suelo estabilizado con la aplicación del polímero poliacrilamida (PAM)

c) Explicar de qué manera mejoraría los niveles de servicio con la aplicación del polímero poliacrilamida (PAM).

CAPITULO II
MARCO TEÓRICO

2.1. Antecedentes

2.1.1. Antecedentes Nacionales

(Villanueva Flores, 2017) En su Tesis para optar el grado de maestra en Infraestructura Vial **Titulado** "Propuesta de estabilización de carreteras de bajo volumen de tránsito en la sierra, sobre los 2000 m.s.n.m., utilizando poliacrilamida aniónica, organosilano y un sulfonatado" fija como **Objetivo General:** Proponer opciones para mejorar los el comportamiento de los suelos a partir de estudios experimentales carreteras de bajo volumen de tránsito. Aplicándose la **Metodología** basada en un diseño experimental, debido a que se incorpora al material de afirmado diferentes dosis de cada uno de los tres estabilizadores de suelo. Obteniendo **Resultados** donde los suelos combinados con poliacrilamida aniónica tienen un mejor comportamiento como la grava arcillosa con arena con un IP de 11, de igual forma muestra un aumento de la capacidad portante. Finalmente **Concluye:** Que el CBR del material natural de cantera de 27.4% se incrementa a 86.3% con el polímero poliacrilamida.

(Nesterenko Cortes, 2018) En su Tesis para optar el grado de maestro en Ingeniería Civil con mención en Vial **Titulado** "Desempeño de suelos estabilizados con polímeros en Perú", fija como **Objetivo General:** Identificar los resultados los suelos ensayados en estado natura en relación con los suelos estabilizados con Polímero PAM bajo las mismas condiciones. Aplicándose la **Metodología** basada fue la interpretación de los resultados de ensayos de laboratorio. Obteniendo **Resultados** donde se observó que en todos los suelos ensayados el porcentaje del CBR, se encuentran por encima del 45%. Finalmente **Concluye:** Que el polímero poliacrilamida PAM es una alternativa de solución para suelos con baja capacidad de soporte, incrementado su CBR por encima del 20% en promedio y reduciendo el Optimo Contenido de Humedad generando un ahorro de agua en la ejecución de la estabilización.

(CHAVEZ Pajuelo, 2018) En su Tesis de pregrado **Titulado** "estudio comparativo empleando el aditivo PROES y CONSOLID para la estabilización de suelos en Caminos Vecinales", fija como **Objetivo General:** Evaluar de qué manera influye la aplicación de los aditivos PROES y CONSOLID en la estabilización de suelos en caminos vecinales. Aplicándose la **Metodología** basada en un diseño cuasi experimental. Obteniendo **Resultados** que al aplicar el aditivo PROES su capacidad de soporte se incremento a 45.7% a diferencia del aditivo CONSOLID que obtuvo un CBR de 36.2% a 95% de la MDS. Finalmente **Concluye:** que los aditivos PROES y CONSOLID mejora considerablemente las propiedades mecánicas del suelo obteniendo de un CBR de 45.7% y 36.2% en comparación del suelo natural que se obtuvo 3.8% al 95% de la DMS. Además, hubo una reducción del IP hasta un 50%.

(HUAMANI Gamarra, y otros, 2018) en sus tesis de pregrado **Titulado** "Aplicación del estabilizador Z con polímero en el incremento del valor del CBR del material utilizado como afirmado en la carretera departamental ap-103, tramo puente Ullpuhuaycco – Karkatera (L= 14.050 kms) Abancay-Apurímac 2018" fija como **Objetivo General:** Determinar si hay un incremento del valor del CBR del material para afirmado con la aplicación de estabilizador Z con polímero. Aplicándose la **Metodología** que responde al paradigma positivista experimental. Obteniendo **Resultados** donde el valor de la capacidad de soporte de la muestra sin alterar fue de 15.44% y al incorporarle el estabilizador Z con polímero se incrementó a 18.57% al 100% de la Máxima Densidad Seca. Finalmente **Concluye:** que al aplicar el estabilizador Z con polímero este incrementa positivamente en la curva de esfuerzo penetración lo que demuestra que hay un incremento del valor del CBR.

(Baldeon Sauñe, 2019) En su tesis de pregrado **Titulado** "Análisis del uso de la arena de sílice en la estabilización de la Subrasante" fija como **Objetivo General:** Analizar los resultados del uso de la arena de sílice en la estabilización de la subrasante. Aplicándose la **Metodología** basada en un diseño cuasi experimental en las que las variables no se pueden contralar ni manipular. Obteniendo **Resultados** positivos donde una combinación C-50% de arena de sílice obtuvo un CBR de 15.50% en comparación del material de subrasante que se obtuvo 2.8% de CBR la cual no es apto. Finalmente **Concluye:** Que al combinar el material de subrasante con la arena de sílice esta mejora sus propiedades del suelo incrementando su capacidad de soporte, siendo una alternativa de solución para subrasantes inadecuadas.

2.1.2. Antecedentes Internacionales

(Aguilar Castañeda, y otros, 2015) En su tesis de pregrado **Titulado** "Revisión de estado del arte del uso polímeros en la estabilidad de suelos", fija como **Objetivo General:** Efectuar una búsqueda de las técnicas para el mejoramiento de los suelos a través de la aplicación del polímero a nivel nacional e internacional. Aplicándose la **Metodología** basadas en la recopilación de información sobre temas de estabilización de suelos. Obteniendo **Resultados** donde el suelo mejorado tiende a aumentar la fuerza de compresión y resistencia a la tracción. Finalmente **Concluye:** Al utilizar los polímeros como producto estabilizador este incrementa las propiedades físicas – químicas del suelo tratado como son la resistencia, CBR, durabilidad y otros.

(ALTAMIRANO Navarro, y otros, 2015) En su trabajo monográfico para obtener el Título de Ingeniero Civil **Titulado** "Estabilización de suelos cohesivos por medio de Cal en las Vías de la comunidad de San Isidro del Pegón, municipio Potosí- Rivas", fija como **Objetivo General:** Estabilizar con cal hidratada los suelos cohesivos de las vías de la Comunidad de San Isidro de Pegón, Potosí. Aplicándose la **Metodología** Recopilación y evaluación de los puntos críticos de las vías. Obteniendo **Resultados** donde debido a la combinación de la cal hidratada y el suelo arcilloso este reacciono exotérmicamente produciendo un incremento significativo en la capacidad de soporte. Finalmente **Concluye:** Que con una combinación de 9% de cal con el material cohesivo se obtienen mayores resultados en la expansión o hinchamiento logrando una reducción del 61%.

(RAMOS vasquez,, y otros, 2019) En su tesis de Pregrado **Titulado** "Estabilización de suelo mediante aditivos alternativos", fija como **Objetivo General:** Analizar las propiedades de la subrasante, aplicando las cenizas de carbón y la cal como aditivos alternativos. Aplicándose la **Metodología** basándose en recopilación de información del suelo tratado. Obteniendo **Resultados** en donde la cal con un 10% de proporción es la que mayor esfuerzo máximo soporta y en relación al precio – calidad es la mejor opción mientras que para las cenizas de carbón con un 40% de proporción obtuvo mayores resultados. Finalmente **Concluye:** que al combinar los aditivos propuestos con el material de subrasante mejora el comportamiento mecánico y es una opción con respecto a la relación resistencia - costo.

2.2. Marco conceptual

2.2.1. Sistema vial del Perú

En el Perú las carreteras están conformadas por un sistema vial que son la Red Vial Nacional, Red Vial Departamental y por ultimo la Red Vial Vecinal las cuales se desempeñan las siguientes funciones:

2.2.1.1. Diagrama Vial

El diagrama vial muestra referencias geográficas para mostrar la ubicación de una vía, en la cual señala el código de ruta, longitud y tipo de superficie de rodadura; estas están ubicadas especialmente en las poblaciones mas importantes que enlazan.

2.2.1.1.1. Carreteras Vecinales

Es un camino que pertenece al sistema vial vecinal y que es competencia del Instituto Vial Provincial. Las cuales sirven para conectar varios centros poblados. En estas vías son de bajo volumen de transito, las cuales en su mayoría están construidos de a nivel de afirmado.

2.2.1.1.2. Tipo de obra por ejecutarse

a) **Mantenimiento rutinario:** Son actividades que se realizan permanentemente para preservar los niveles de servicio de la carretera. Estas actividades están referidas a trabajos de limpieza de calzada, bacheo, perfilado y otros las cuales

pueden ser manuales o con maquinaria. (Ministerio
de Transportes y Comunicaciones, 2016 pág. 6)

b) **Mantenimiento periódico:** Son actividades
programadas cada cierto intervalo de tiempo que se
ejecutan para mantener sus niveles de servicio.
Estas actividades pueden ser mediante la
intervención de maquinarias o personas para las
labores de perfilado, nivelación, reposición de
material, y obras de arte. (Ministerio de Transportes
y Comunicaciones, 2016 pág. 7)

c) **Rehabilitación:** Son actividades en las cuales su
ejecución son necesarias para restituir la vía, y
obtener sus características originales, teniendo en
cuenta un nuevo período de servicio. (Ministerio de
Transportes y Comunicaciones, 2016 pág. 5)

d) **Mejoramiento:** Son actividades en las cuales su
ejecución eleva el estándar de la vía, las cuales
implican la modificación sustancial de la geometría
y la transformación de una carretera de tierra a una
carretera afirmada. (Ministerio de Transportes y
Comunicaciones, 2016 pág. 5)

2.2.2. El Suelo

El suelo se forma a partir de la meteorización física de las rocas.
Este proceso, conocido como meteorización, promueve el
transporte de material meteorizado que luego se depositan para
formar alterita, a partir de la cual el suelo se fortalece mediante
varios procesos. (BAÑON Blázquez, y otros, 2000 pág. 2)

El suelo, en Ingeniería Civil, es una capa sedimentaria discreta de partículas sólidas, resultado de la transformación de rocas, o suelo que es transportado por agentes morfogénicos con apoyo de la gravedad como fuerza direccional. (DUQUE, y otros, 2002)

El suelo es el material de construcción más abundante en el mundo en las actividades de ingeniería civil. Cuando el ingeniero utiliza el suelo como material para la construcción, se debe elegir un suelo adecuado que permite brindar un soporte a las estructuras como edificios, carreteras, puentes entre otros. (DUQUE, y otros, 2002 pág. 11)

2.2.2.1. Las propiedades del suelo

El suelo tiene las propiedades fundamentales que se deben tomar a cuentan son:

a) Granulometría:

Representa la distribución de las partículas las cuales poseen los agregados mediante un tamizado según las especificaciones técnicas (Ensayo MTC E 107).

El análisis de la granulometría del suelo tiene como objetivo determinar las proporciones de los diferentes elementos constituyentes, que se clasifican según su tamaño.

Una buena disposición granular garantiza un buen desempeño del suelo ante las cargas. Este debe tener una proporción adecuada de grava para soportar las cargas y un porcentaje de finos plásticos para cohesionar los materiales del suelo. (Ministerio de Transportes y Comunicaciones, 2014 pág. 30)

De acuerdo al tamaño de las partículas del suelo se pueden determinar los siguientes términos:

b) **Plasticidad:**

Es la propiedad que tiene los suelos hasta cierto límite de humedad sin disgregarse, esta propiedad depende de excepcionalmente de los materiales finos. (Ministerio de Transportes y Comunicaciones, 2014 pág. 31).

La plasticidad se obtiene de la diferencia entre el límite liquido (LL) y limite plástico (LP), llamados también límites de atterberg las cuales nos permite clasificar el suelo. (Ministerio de Transportes y Comunicaciones, 2014 pág. 31)

c) **Índice de Grupo**

Estos están basados en parte en los límites de consistencia, este índice esta normado por Norma AASHTO de uso corriente para clasificar un suelo. El índice de grupo se obtiene mediante la formula siguiente:

Fuente: Manual de carreteras, MTC

El índice de grupo está en un intervalo de 0 o más, la cual este será positivo. Si el índice de grupo llega a ser negativo y si el índice de grupo es mayor a 9, este no será utilizable para carreteras. (Ministerio de Transportes y Comunicaciones, 2014 pág. 32)

d) **Humedad Natural**

Una característica esencial del suelo es su contenido de humedad natural; las cuales se encuentran asociadas con la densidad especialmente de los finos. (Ministerio de Transportes y Comunicaciones, 2014 pág. 33)

f) **Capacidad de Soporte (CBR)**

Es la capacidad de soportar cargas en función del tipo de suelo, compactación y de su contenido de humedad. Se evalúa las subrasantes, sub base y base para ser utilizados para un pavimento o para rellenos estructurales.

2.2.2.2. Clasificación del Suelo

Una adecuada clasificación permitirá tener idea, acerca del comportamiento del suelo a utilizar, a partir de sus propiedades de fácil determinación. A través de conocer su granulometría y límites de atterberg de un suelo se podrá predecir el comportamiento mecánica.

A continuación, se presentará una correlación de los dos sistemas de clasificación más difundidos, AASHTO y ASTM (SUCS) (Ministerio de Transportes y Comunicaciones, 2014 pág. 33)

2.2.2.3. Afirmado

El afirmado es la combinación de 3 tipos de agregado que son la piedra, arena y finos. La cual requiere porcentajes adecuados para un buen despeño de la capa de rodadura.

Tipos de afirmado:

a) **Afirmado tipo 1:** conformado por un material granular, con IP de 12 siempre en cuando sea justificado. Este tipo de afirmado es utilizado en carreteras de bajo volumen de tránsito de clase T0 y T1 con un IMDA hasta 50 vehículos por día. (Ministerio de Transportes y Comunicaciones, 2008)

b) **Afirmado tipo 2:** conformado por un material granular, con IP de 12 siempre en cuando sea justificado. Este tipo de afirmado es utilizado en carreteras de bajo volumen de tránsito de clase T2 con un IMDA de 51 hasta 100 vehículos por día. (Ministerio de Transportes y Comunicaciones, 2008)

c) **Afirmado tipo 3:** conformado por un material granular, con IP de 12 siempre en cuando sea justificado. Este tipo de afirmado es utilizado en carreteras de bajo volumen de tránsito de clase T3 con un IMDA de 101 hasta 200 vehículos por día. (Ministerio de Transportes y Comunicaciones, 2008)

Estos afirmados deberán cumplir las siguientes condiciones:

Limite Liquido	:	35% Max
CBR	:	40% Min al 100% MDS

2.2.2.4. Estabilización del suelo

Se basa en la incorporación de un producto químico, la cual se mezcla íntima y homogéneamente con el suelo a intervenir.

La estabilización de suelos se define como el mejoramiento de las propiedades físicas de un suelo mediante procesos mecánicos e incorporación de productos químicos, naturales y sintéticos. Tales estabilizaciones, generalmente, se realizan en los suelos de subrasante inapropiado o pobre, en este caso son denominados como estabilización suelo cemento, suelo cal, suelo asfalto y otros productos diversos. (NESTERENKO Cortes, 2018)

También se aplica sobre una sub base, base o material granular, que aun cumpliendo las condiciones de tener un determinado valor de CBR, se estabilizara para

obtener un material de mayor calidad con un menor
espesor de capa granular. Por lo general, la aplicación
de este criterio es para los caminos donde se presenten
un considerable tráfico pesado o incluso en sectores con
tráfico menor, pero cuyas condiciones ameriten su
ejecución. (Ministerio de Economia y Finanzas, 2015)
La estabilización mecánica, se realiza mediante la
aplicación de aditivos que actúan física o químicamente
sobre las propiedades del suelo. Entre los más utilizados
están la cal y el cemento, pero también se emplean
cloruro de sodio (Sal), cloruro de magnesio, asfaltos
líquidos, escorias y productos químicos. La aplicación de
estos últimos estará de acuerdo a la norma MTC 1109-
2004 Norma Técnica de Estabilizadores Químicos.
(Ministerio de Transportes y Comunicaciones, 2008 pág.
155)

2.2.2.4.1. Estabilización del suelo de carreteras no pavimentadas

El objetivo de la estabilización de un suelo es mejorar
sus propiedades físicas y mecánicas; de esta manera
se podrá utilizar materiales de estabilidad insuficiente
como subrasante y capa granular. (Ministerio de
Transportes y Comunicaciones, 2008 pág. 154)

2.2.2.4.2. Técnicas de estabilización más usadas

a) Estabilización granulométrica: consiste en combinar
distintos suelos para obtener un material con mejores
características admisibles para ser utilizado como
subrasante o como afirmado. (Ministerio de
Transportes y Comunicaciones, 2008 pág. 157)

b) Estabilización con cal

El suelo-cal se obtiene por la combinación íntima de suelo, cal y agua. La cal que se utiliza se compone principalmente de óxido cálcico (cal viva), obtenido por calcinación de materiales calizos, o hidróxido cálcico (cal apagada o cal hidratada). (Ministerio de Transportes y Comunicaciones, 2008 pág. 158)

c) Estabilización con cemento

Este tipo de estabilización es una de las más utilizadas actualmente, y viene poniéndose en ejecución desde que Amies la introdujo en el año 1917 para evitar el fenómeno del bombeo de finos característicos de los suelos rígidos. Al combinar este tipo de partículas se alcanza que el agua no las disolviera en su seno, evitando de este modo el descalzamiento y posterior rotura de las losas de hormigón. (BAÑON Blázquez, y otros, 2000 pág. 22)

El material llamado suelo-cemento se obtiene por la combinación íntima de un suelo adecuadamente disgregado con cemento, agua y otras eventuales incorporaciones, seguida de una compactación y un curado adecuados. (Ministerio de Transportes y Comunicaciones, 2008 pág. 160)

2.2.2.4.3. Soluciones básicas en carreteras no pavimentadas

Las soluciones básicas son alternativas técnicas, económicas y ambientales, en las cuales consiste la aplicación de estabilizadores de suelo; para conservar sus niveles de servicio y prolongar los intervalos de manteamiento que permiten el transito adecuado de los vehículos.

Estas soluciones básicas son aplicables a carreteras no pavimentadas, a nivel de mantenimiento, rehabilitación, mejoramiento y construcción.

2.2.3. Polímero Poliacrilamida (PAM).

La Poliacrilamida (PAM) es un polímero orgánico sintético constitutido a partir de monómeros de acrilamida. En función del número de monómeros diferentes que formen el polímero, tenemos: homopolímero, copolímeros, terpolímeros entre otros.

En la década de los 90´s, el Poliacrilamida (PAM) fue introducida al mercado de los EE.UU, para su aplicación en el control de la erosión del suelo y a finales de esa década se utilizó en 400,000 ha. regadío las cuales fueron tratadas. Debido a su baja toxicidad la PAM ha sido utilizado como estabilizador de suelo y minimizadores de la erosión del suelo haciendo que este polímero sea versátil y efectivo. (Aplicación de la poliacrilamida como una alternativa para el tratamiento de suelos contaminados por hidrocarburos, 2013)

Los estabilizadores utilizados comúnmente como la cal y el cemento, requieren mucho tiempo de curado y cantidades abundantes de aditivos a un precio significativo por lo que estabilizadores no tradicionales como los polímeros, en este caso el polímero Poliacrilamida denominada PAM, ha ganado mayor atención, ya que es potencialmente más eficiente en campo debido a que el polímero posee mayor trabajabilidad con los suelos estabilizados durante el proceso constructivo y sostenible, es decir, conservan los niveles de servicio de los caminos estabilizados a lo largo del tiempo, comparados con los convencionales. (NESTERENKO Cortes, 2018)

2.3. Definición de términos

- **Estabilización del suelo:** Son procedimientos para mejorar de las propiedades de un suelo a través de la aplicación de productos químicos o naturales. (Ministerio de Transportes y Comunicaciones, 2013)
- **Niveles de Servicio:** Son indicadores que cuantifican y califican el estado de una vía, las cuales se utilizan como limites admisibles de una carretera. Estos indicadores varían de acuerdo a los factores técnicos y económicos para satisfacer las necesidades del usuario que son la seguridad, comodidad u otros. (Ministerio de Transportes y Comunicaciones, 2013)
- **Poliacrilamida (PAM):** Polímero orgánico sintético formados a partir de monómeros de acrilamida. (Aplicación de las poliacrilamidas en paisajismo y Jardineria, 2005)
- **Polímero:** Es una partícula de macromolécula, la cual se repite a lo largo de la molécula. (LOPEZ Carrasquero, 2004)

2.4. Hipótesis

2.4.1. Hipótesis General

Influirá positivamente en las propiedades físico – mecánicas con la aplicación del polímero poliacrilamida (PAM) en la estabilización del suelo de las carreteras vecinales de la Provincia de Angaraes – Huancavelica.

2.4.2. Hipótesis Especificas

a) El índice de plasticidad del suelo estabilizado se reduce con la aplicación del polímero poliacrilamida (PAM).

b) Los valores de la capacidad de soporte (CBR) de suelo estabilizado aumentaran significativamente con la aplicación del polímero poliacrilamida (PAM).

c) Se conservaría los niveles de servicio a largo plazo con la aplicación del polímero poliacrilamida (PAM).

2.5. Variables

2.5.1. Definición conceptual de la variable

<u>Variable independiente (X):</u>

- Polímero Poliacrilamida (PAM): Polímero orgánico sintético formados a partir de monómeros de acrilamida.

<u>Variable Dependiente (Y):</u>

- Estabilización del Suelo: Mejoramiento de las propiedades físicas de un suelo a través de procesos mecánicos e incorporación de productos químicos, naturales o sintéticos.

2.5.2. Definición operacional de la variable

<u>Variable independiente (X):</u>

- **Polímero Poliacrilamida (PAM)**

  Una de las características más notables del polímero poliacrilamida al ser combinado con el suelo este aumenta la capacidad de soporte, reduce la permeabilidad y reduce la erosión.

<u>Variable Dependiente (Y):</u>

- Estabilización del Suelo

  Mejoramiento de las condiciones físico - mecánicas determinadas en laboratorio, las cuales se determinan de la granulometría, valor de soporte (CBR), Modulo de resiliencia, Proctor modificado, Limites de atterberg y coeficiente de permeabilidad.

2.5.3. Operacionalización de las variables

Tabla 1 Operacionalización de variables

VARIABLE	DEFINICIÓN CONCEPTUAL	DEFINICIÓN OPERACIONAL	DIMENSIONES	INDICADORES	INSTRUMENTO	ESCALA
X: aplicación del Poliacrilamida (PAM)	Polímero orgánico sintético formados a partir de monómeros de acrilamida.	Una de las características más notables del polímero poliacrilamida al ser combinado con el suelo este aumenta la capacidad de soporte, reduce la permeabilidad y reduce la erosión.	**D1:** estabilizador	**I1:** Propiedades del estabilizador	Fichas de laboratorio	Razón
Y: Estabilización del suelo	Una de las características más notables del polímero poliacrilamida al ser combiando con el suelo este aumenta la capacidad de soporte, reduce la permeabilidad y reduce la erosión.	La presente investigación tiene como proceso realizar los ensayos de laboratorio que son: granulometría, CBR, Limites de Atterbeg, Modulo de resiliencia, Proctor Modificado, Permeabilidad	**D1:** Propiedades Físicas	**I1:** Ensayo de granulometría **I2:** Consistencia **I3:** Clasificación de suelo **I4:** Permeabilidad	Ficha de recopilación de información	Razón
			D2: Propiedades Mecánicas	**I1:** Capacidad de Soporte (CBR). **I2:** Compactación		Razón

Fuente: Propia

CAPITULO III
METODOLOGIA

3.1. Método de investigación

El método científico es la manera que se sigue la investigación para manifestar las formas de existencia de los objetivos, para sistematizar y profundizar los conocimientos obtenidos, para posteriormente explicar y demostrar en el experimento y con las técnicas de su aplicación. (RUIZ, 2007 pág. 6)

Esta investigación es científica, debido a que se realizó mediante pasos sistematizados para adquirir conocimientos fiables a través de las hipótesis y la observación, mediante la comprobación con la experimentación.

3.2. Tipo de investigación

La investigación aplicada busca la aplicación o utilización de los conocimientos para después de implementar y sistematizar la practica basada en investigación. (MURILLO Hernández, 2008) .

La presente tesis es un tipo de investigación aplicativo, debido a que busca mecanismos y estrategias que permiten establecer un objetivo concreto que es la estabilización del suelo a través de la aplicación del polímero poliacrilamida.

3.3. Nivel de investigación

La investigación descriptiva es aquella describen los datos y características de una población; sin embargo, una investigación explicativa se encarga en buscar el porqué de los hechos mediante la relación causa – efecto. (MARROQUIN Peña, 2012)

En nivel de investigación del presenta investigación es descriptivo – explicativo ya que establece una descripción de la problemática; y explicativo la cual determina las causas y consecuencias de este problema, para luego obtener conclusiones.

3.4. Diseño de investigación

El diseño de investigación es cuasi experimental, debido a que basa sobre todo analizar el efecto de la variable independiente (Polímero Poliacrilamida) sobre la variable dependiente (Estabilización del suelo).

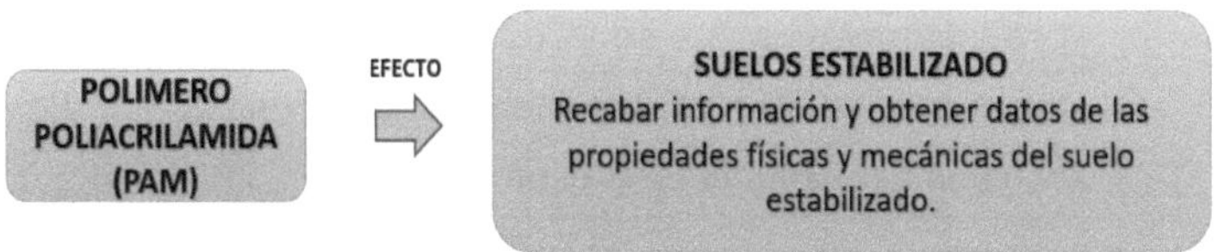

Figura 2 Diseño de la investigación
Fuente: Propia

3.5. Población y Muestra

3.5.1. Población

La población es grupo de individuos, objetos o medidas que poseen algunas características similares visibles en un lugar y en un momento determinado. (HERNANDEZ Hermosillo, 2013)

De acuerdo a lo citado la población serán las carreteras vecinales de la provincia de Angaraes Región Huancavelica.

3.5.2. Muestra

La muestra es un subconjunto característico de la población. (HERNANDEZ Hermosillo, 2013)

La muestra constituida por la carretera vecinal Lircay – Jatumpata – Mitoccasa –Dv. Ccollpa – Pitinpata – Perccapampa, la cual posee una longitud de 16 + 670 km.

3.6. Técnicas e instrumentos de recolección de datos

3.6.1. Técnicas de recolección de datos

La recolección de datos es cualquier técnica que utiliza el investigador para aproximarse a los fenómenos y obtener de ellos información. (SABINO, 1992 pág. 108)

Se realizo es el muestreo de la cantera principal ubicada en el margen derecho de la carretera que será posteriormente almacenada en bolsas impermeables.

Los instrumentos que se utilizarán serán equipos de laboratorio de mecánica de suelos, equipos fotográficos, libreta de campo y equipos de cómputo para el procesamiento de los datos.

3.6.2. Validez

La validez representa la eficacia con la que un instrumento mide lo que se pretende evaluar. (CHAVEZ, 2001).

Los instrumentos serán evaluados por profesionales que serán ingenieros civiles.

3.7. Procesamiento de la información

Una vez efectuado el muestreo se realizará los ensayos de laboratorio como la granulometría, determinación de los límites de atterberg, clasificación AASTHO y SUCS, ensayo de Proctor Modificado y Ensayo de CBR según las normas vigentes del Ministerio de Transportes y Comunicaciones.

3.8. Técnicas y análisis de datos

Los datos en sí mismos tienen limitada importancia, es necesario "hacerlos hablar", en ello consiste, en esencia, el análisis e interpretación de los datos. (ENCINAS Ramirez, 1993)

Los datos de la Investigación se procesarán y analizarán como la Distribución de Frecuencias y Representaciones Gráficas (Histogramas; polígonos de frecuencia; gráficas de barras; gráficas circulares; tabulación cruzada). Distribución normal (prueba normal de porcentajes) de los datos obtenidos de la granulometría, determinación de los límites de atterberg, clasificación AASTHO y SUCS, ensayo de Proctor Modificado y Ensayo de CBR (ENCINAS Ramirez, 1993)

CAPITULO IV
RESULTADO

4.1. Análisis del nivel de servicio

Los niveles de servicio recomendados por el MTC que se debe tener en cuenta para una carretera no pavimentada, como es el caso de la carretera en estudio, son los siguientes:

- **Baches:** El afirmado no debe tener baches (Huecos), estos deben ser rellenadas y compactadas con material de préstamo.
- **Control de Polvo:** La superficie de la capa de rodadura debe tener un permanente control del polvo.
- **Reposición de afirmado:** El espesor mínimo admisible debe ser de 15 cm.
- **Perfilado de la superficie:** Intervalo de intervención es una vez al año.

Por ello se realizó la evaluación de los daños en la superficie de rodadura, si de acuerdo al MTC se viene cumpliendo con los niveles de servicio que debe brindar una carretera de afirmado.

4.1.1. Daños en la superficie de rodadura

Se realizo una verificación de la carretera vecinal Lircay – Jatumpata – Mitoccasa – Dv. Ccollpa – Pitinpata – Perccapampa, la cual tiene una longitud de 16+670 km donde se pudo presenciar los diferentes daños tal como se detalla en la tabla de **DAÑOS EN LA SUPERFICIE DE RODADURA:**

Tabla 2 Daños en la superficie de rodadura

Fuente: Propia

Figura 3 Porcentaje de daños en la carretera vecinal
Fuente: propia

A. Lircay – Jatumpata – Mitoccasa Progresiva 0+000 KM hasta 12+000 KM

Durante el recorrido se pudo verificar que la estructura del afirmado ha sufrido daños por la erosión, baches, encalaminado; con respecto a ello se puede aseverar que entre el intervalo de las progresivas lo que más repercute es el **daño 3 (baches).**

37

Imagen 1 Presencia de baches Prog. 2+000 km
Fuente: Propia

B. Dv. Pitinpata Progresiva 0+000 KM hasta 1+750 KM

La plataforma de la vía hacia el Centro Poblado de Pintinpata se pudo apreciar que hay un fuerte desprendimiento de los agregados causados por la erosión lo cual según a la tabla de daños de superficie de rodadura sería el **grado 2.**

Imagen 2 Desprendimiento de agregado Prog. 0+420 KM
Fuente: Propia

C. Dv. Ccollpa Progresiva 0+000 KM hasta 1+600 KM

En el recorrido hacia el Centro Poblado de Ccollpampa, se pudo constatar la presencia de baches lo cual según a la tabla de daños de superficie de rodadura sería el **grado 2.**

Imagen 3 baches Prog.. 0+740 KM
Fuente: Propia

D. Dv. Perccapampa Progresiva 0+000 KM hasta 2+000 KM

Durante el recorrido de esta parte del tramo se pudo verificar que la estructura del afirmado ha sufrido daños por ahuellamiento, baches, encalaminado; con respecto a ello se puede afirmar que el **daño 3 (baches)** tuvo mayor presencia.

Imagen 4 Encalaminado y Desp. de agregado Prog. 0+000
Fuente: Propia

4.2. Análisis del material granular

4.2.1. Ubicación

El ingreso a la cantera Principal está ubicado en el Km 3+780 de la via Lircay – Jatumpata. La cual tiene las siguientes coordenadas UTM:

4.2.2. Accesibilidad

La cantera cuenta con un acceso directo de 40 m, desde el pie de la carretera hasta el centro de acopio.

Imagen 5 Acceso a la cantera Prog. 3+780 Km

4.2.3. Uso

En base a los resultados de laboratorio y las normativas vigentes del manual de carreteras no pavimentadas se determina que este material será utilizado para el mantenimiento periódico a nivel de afirmado.

4.2.4. Disponibilidad

Se cuenta con la libre disponibilidad cantera que pertenece a la Comunidad Campesina San Juan de Dios.

4.2.5. Potencia de la cantera

El área aproximada de explotación de los materiales granulares según lo estimado es de 6018.95 m2, con un estrato de 8.00 m en promedio. En relación a ello se determinó la potencia neta aprovechable.

4.2.6. Características generales del material

Los datos obtenidos de los ensayos estándar y especiales fueron en base al Manual de ensayos de materiales para carreteras del MTC y las normas internacionales e incluyendo técnicas estadísticas para el análisis de los datos, la clasificación del material para afirmado se ha dado mediante el método SUCS y AASHTO, se realizó los ensayos de los límites de atterberg (Limite Liquido, Liquido Plástico e Índice de Plasticidad); ensayo de Proctor modificado para establecer las MDS y su OCH del material de cantera y finalmente se determinó mediante el ensayo de CBR (Capacidad de Soporte) al 100% de la Maxima Desidad Seca a una penetración de 0.1".

Tabla 3 Datos generales del material de Cantera

4.2.6.1. Límites de Consistencia

4.2.6.2. Clasificación SUCS y AASHTO

SUCS (Sistema Unificado de Clasificación de Suelos)

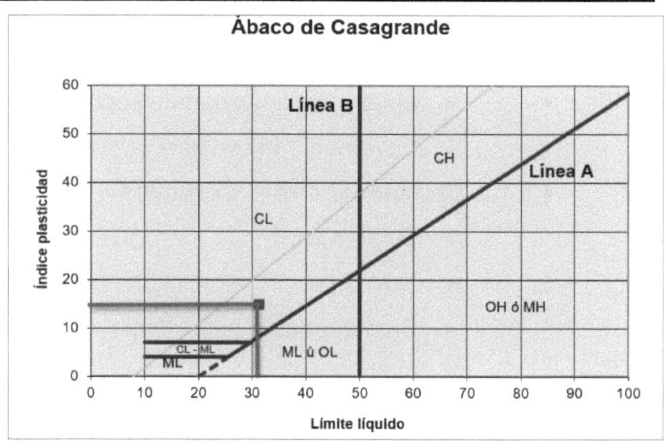

Figura 4 Clasificación SUCS de acuerdo al Abaco de Casagrande
Fuente: Obtenidos de Laboratorio

AASHTO (American Association of State Highway and Transportation Officials)

$$IG=(F-35) \times(0.2+0.005\times(LL-40)) +0.01\times(F-\underline{15})\times(IP-10)$$

$$IG= (34.92-35) \times(0.2+0.005\underline{x}(31.36-40)) +0.01\times(34.92-15)^*(14.79-10)$$

$$IG= 1$$

Figura 5 Calculo del Índice de Grupo del material de cantera

4.3. Análisis de la combinación del material de cantera y el polímero poliacrilamida (PAM)

4.3.1. Polímero Poliacrilamida (PAM)

4.3.1.1. Descripción

Polycom es un es estabilizador químico australiano la cual tiene una presentación en Polvo concentrado de acrilamida.

4.3.1.2. Características técnicas

- Aplicable en suelos de baja calidad
- Aplicable de para sub rasante, sub base y base granular como también para camino en afirmado
- Mejora la capacidad de soporte del suelo
- Incrementa la resistencia del suelo

4.3.1.3. Características ambientales

- Ecológico
- No toxico
- Biodegradable
- No Inflamable
- Producto no peligroso

Imagen 6 Polímero Poliacrilamida PolyCom
Fuente: Propia

4.3.2. Características generales de la combinación

La combinación realizo a 0.030 g x kg de material de acuerdo las especificaciones técnicas del proveedor, las cuales se realizó los ensayos de los límites de atterberg (Limite Liquido, Liquido Plástico e Índice de Plasticidad); ensayo de Proctor modificado para establecer las MDS (Máxima Densidad Seca) y su OCH (Optimo Contenido de Humedad) del material de cantera y finalmente se determinó mediante el ensayo de CBR (Capacidad de Soporte) al 100% de la Máxima Densidad Seca a una penetración de 0.1".

CAPITULO V

DISCUSIÓN DE RESULTADO

5.1. Influencia de la aplicación del Polímero Poliacrilamida (PAM).

En esta investigación al determinar la influencia de la aplicación del polímero poliacrilamida (PAM) en la estabilización del suelo se pudo contrastar que mejora sus propiedades físico - mecánicas del material estabilizado. Esto quiere decir que el material de la cantera principal al ser combinado con el Polímero Poliacrilamida (PAM) aumenta su capacidad de soporte, reduce el Optimo contenido de humedad, su índice de plasticidad y como también minimiza los daños en la superficie; mejorando su tiempo de vida útil y niveles de servicio de la superficie de rodadura. Frente a los mencionado se acepta la hipótesis de investigación, donde refiere que Influirá en las propiedades físico – mecánicas con la aplicación del polímero poliacrilamida (PAM) en la estabilización del suelo de las carreteras vecinales de la Provincia de Angaraes – Huancavelica. Estos resultados son corroborados por (Nesterenko Cortes, 2018) quien en su investigación llega a concluir que las muestras estabilizadas con PAM mejoran en sus propiedades mecánicas frente a las muestras en estado natural. En tal sentido, al analizar estos resultados, confirmamos que al combinar el polímero poliacrilamida (PAM) y el material de la cantera principal esta influye adquiriendo una mayor resistencia y durabilidad debido a ello van a requerir una menor intervención a nivel de mantenimiento periódico el cual sería una alternativa de solución de problemas viales.

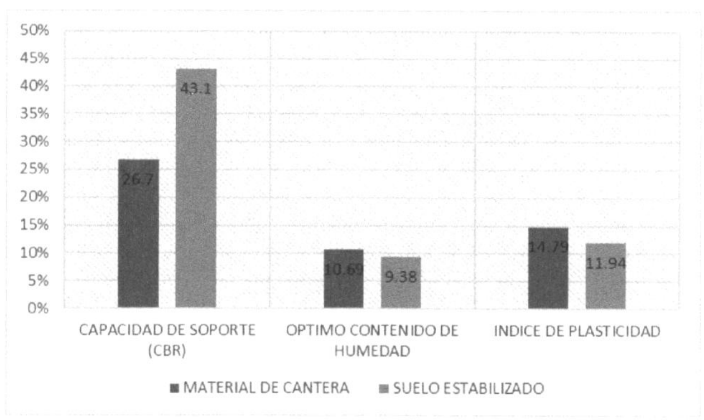

Figura 6 Comparación de las Propiedades del Suelos
Fuente: Obtenidos de laboratorio

5.2. Comportamiento del Índice de Plasticidad del Suelo estabilizado

Al analizar el comportamiento del índice de plasticidad del suelo estabilizado con la aplicación de polímero poliacrilamida se verifico que la muestra estabilizada presenta un Índice Plasticidad de 11.94%, mientras que la muestra sin estabilizar presento un Índice de Plasticidad de 14.79%; Es decir que la muestra en su estado natural con un IP de 14.79% se encuentra fuera de los parámetros de MTC, mientras que el suelo estabilizado cumple con los parámetros, debido a que este reduce el IP en un 2.85%. Ante lo indicado se acepta la hipótesis de investigación, donde se indica que el índice de plasticidad del suelo estabilizado se reduce con la aplicación del polímero poliacrilamida (PAM). Estos resultados son corroborados por (Curitomay Najarro, 2018) quien en su investigación llega a concluir que los polímeros como estabilizador químico produjeron reducción en el Índice de plasticidad. Al analizar los resultados podemos determinar que al aplicar el estabilizador químico poliacrilamida (PAM) a un material granular esta reduce el Índice de plasticidad.

Tabla 2 Comparación del índice de Plasticidad

| CLASIFICACION DEL SUELO | | MATERIAL DE | SUELO | INDICE DE |
SUCS	AASHTO	CANTERA	ESTABILIZADO	PLASTICIDAD
SC	A-2-6 (1)	X		14.79
SC	A-2-6 (1)		X	11.94

45

Fuente: Obtenidos de laboratorio

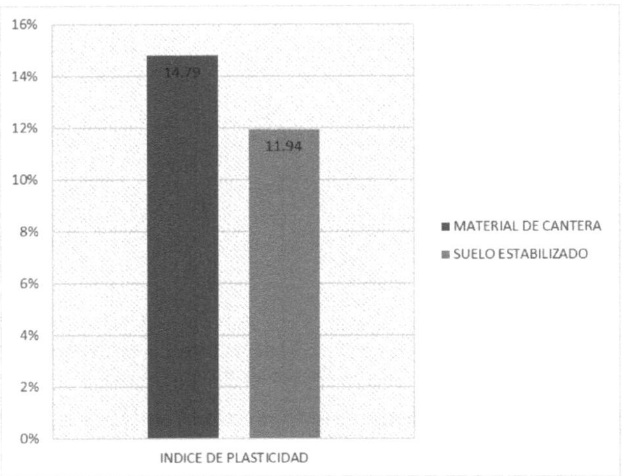

Figura 7 Comparación de los Limites de Consistencia
Fuente: Obtenidos de laboratorio

5.3. Valores de la Capacidad de Soporte (CBR)

Al evaluar los valores de capacidad de soporte (CBR) obtenidos del suelo estabilizado con la aplicación del polímero poliacrilamida (PAM) se contrasto que el CBR del material de cantera es de 26.70 % al 100% MDS y el suelo estabilizado tiene un CBR de 43.10% al 100% de MDS. Esto quiere decir que hay un incrementa de 16.40% de la capacidad de soporte (CBR) en comparación con el material de cantera sin estabilizar. Por lo que se acepta la hipótesis de investigación, donde refiere que los valores de la capacidad de soporte (CBR) de suelo estabilizado aumentaran significativamente con la aplicación del polímero poliacrilamida (PAM). Estos resultados son corroborados por (Villanueva Flores, 2017) quien en su investigación concluye que el valor de CBR aumenta significativamente en un 58.90% con la aplicación de un Polímero poliacrilamida en comparación con un material natural. ante ello confirmamos que la aplicación de un estabilizador químico (polímero poliacrilamida PAM) incrementara la capacidad de soporte (CBR) de un suelo.

Tabla 3 Valores de la Capacidad de Soporte

CLASIFICACION DEL SUELO		MATERIAL DE CANTERA	SUELO ESTABILIZADO	CBR
SUCS	AASHTO			0.01%
				100%MDS
SC	A-2-6 (1)	X		26.70
SC	A-2-6 (1)		X	43.10

Fuente: Ensayos de Laboratorio

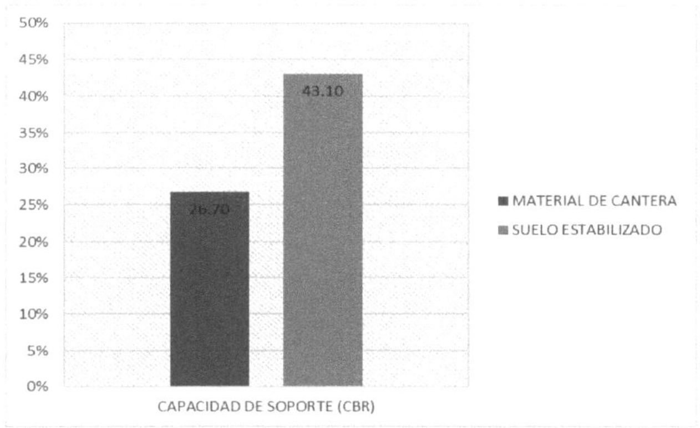

Figura 8 Comparación del CBR
Fuente: Ensayos de Laboratorio

5.4. Niveles de servicio

Al explicar de qué manera mejoraría los niveles de servicio con la aplicación del polímero poliacrilamida (PAM), se evaluó los niveles de servicio de la carretera vecinal las cuales presentan daños en la superficie de rodadura como ahuellamiento, erosión, baches y encalaminado debido a que el material con el que se realiza el mantenimiento periódico son susceptibles al agua por tanto al estabilizar el material de cantera con el polímero poliacrilamida (PAM) se logra que las capas de rodadura tengan mejor desempeño las cuales minimizaran los daños antes mencionado en cualquier época del año, prolongando su vida útil y reduciendo los costos de mantenimiento, cumpliendo los parámetros de los niveles de servicio y esta brindara al usuario (comodidad, seguridad y económica). Por lo descrito anteriormente se acepta la hipótesis de investigación, donde se menciona que se mantendría los niveles de servicio a largo plazo con la aplicación del polímero poliacrilamida (PAM). Este resultado es corroborado con el proyecto ejecutado del tramo Chaglla - Panao - Provincia de Pachitea - Región Huánuco de 30 km en la que se visualiza la conservación de los niveles de servicio de la vía a los 8 meses de haberse estabilizado el suelo con el Polímero Poliacrilamida a nivel de mantenimiento periódico. En ese sentido, se confirma que una vez estabilizado el suelo con el polímero poliacrilamida (PAM) sus niveles de servicio se mantendrán en buenas condiciones requiriendo una menor intervención de mantenimiento.

Imagen 7 Estado Final de la Vía del Tramo Chaglla – Panao
Fuente: AustLatin

CONCLUSIONES

1. Se verifica que al aplicar el polímero poliacrilamida (PAM) al material de cantera esta influye en sus propiedades físico – mecánicas, mejorando su vida útil y reduciendo su intervalo de intervención (mantenimiento periódico).

2. Se verifica una reducción del Índice de plasticidad del suelo estabilizado con el polímero poliacrilamida (PAM) frente al material de cantera en un 2.85%. Por lo tanto, el polímero poliacrilamida (PAM) tiene la capacidad de reducir la plasticidad de un material, las cuales su mayoría los materiales en su estado natural no cumplen con los parámetros de MTC.

3. Se verifica que suelo estabilizado tiene un CBR de 43.10% al 100%MDS mientras que el suelo en estado natural tiene un CBR de 26.70% al 100% MDS. Esto quiere decir que hay un incremento de 16.40% de la capacidad de soporte.

4. Al aplicar polímero poliacrilamida (PAM) se logra capas granulares con mejor desempeño, los cuales reducirán los daños como ahuellamiento, erosión, baches y encalaminado en cualquier época del año. Esto quiere decir que cumplirá con los niveles de servicio y se prolongará a vida útil de vía brindando al usuario comodidad, seguridad y economía.

RECOMENDACIONES

1. Se recomienda que al determinar la capacidad de soporte (CBR), la muestra estabilizada con polímero poliacrilamida tenga 28 días de curado, para verificar los mayores resultados de acuerdo a las especificaciones técnicas del producto.

2. Se recomienda que los proyectos de mejoramiento y mantenimientos periódicos de carreteras se apliquen soluciones básicas, para conservar los niveles de servicio, para minimizar costos de operación involucrando una mejor utilización de los recursos del estado.

3. Se recomienda realizar una investigación de las condiciones de la superficie de rodadura una vía estabilizada con polímero poliacrilamida (PAM) a nivel de afirmado

REFERENCIAS BIBLIOGRACIFICAS

Aguilar Castañeda, Catherin Gisella y Borda Riveros, Yeraldin. 2015. Revision de estado del arte de uso de polimeros en la estabilidad de suelos. Universidad Santos Tomas, Bogota : 2015.

Aguilar, Catherin. Revisión de estado del arte de uso de polimeros en la estabilidad del suelos. Universidad Santo Tomas, Bogata : s.n.

ALTAMIRANO Navarro, Genaro Jose y DIAZ Sandino, Axell Exequiel. 2015. Estabilización de suelos cohesivos por medio de Cal en las Vías de la Comunidad de San San Isidro del Pegón, municipio Potosí- Rivas. Managua : Universidad Nacional Autonoma de Nicaragua, 2015.

Aplicación de la poliacrilamida como una alternativa para el tratamiento de suelos contaminados por hidrocarburos. **Osorio Bautista, Manuel y Adams Schroeder, Randy. 2013.** 2013, Kuxulkab, pág. 83.

Aplicación de las poliacrilamidas en paisajismo y Jardineria. **Enseñat De Carlos, Luz y Cabot Moura, Orene. 2005.** 2005, Horticultura.

ARROYO Hilton, Nancy. 2012. Diseño y conservacion de pavimentos Rigidos. Universidad Nacional Autonoma de Mexico, Managua : 2012.

Baldeon Sauñe, Irvin P. 2019. Analisis del uso de la arena de silice en la estabilidad de la subrasante. Universidad Peruana Los Andes, Huancayo : 2019.

BAÑON Blázquez, Luis y BEVIA García, José F. 2000. Manual de Carreteras - Construccion y Mantenimiento. s.l. : Ortiz e Hijos, Contratistas de Obras, S.A., 2000.

BARRIOS Bolaños, Walter. 2007. Guía teórica y practica de los cursos de pavimentos y mantenimiento de carreteras. Guatemala : s.n., 2007.

CHAVEZ Pajuelo, Rafael Antonio. 2018. Estudio comparativo empleando el aditivo Proes y Consolid para la estabilizacion de suelos en Caminos Vecinales. Universidad Cesar Vallejo, Lima : 2018.

CHAVEZ, Alizo. 2001. Introducción a la Investigacion Educativa. 2001.

Curitomay Najarro, Carlos Jan. 2018. Estabilizacion de suelos arcillosos con polimeros de tipo copolimero, aplicado a obra viales de media transito en la carretera Pucaloma - Yanayacu - Distrito de Socos. Universidad Nacional San Cristobal de Huamanga, Ayacucho : 2018.

DUQUE, Gonzalo y ESCOBAR, Carlos. 2002. Origen, formacion y constitucion del suelo. 2002.

ENCINAS Ramirez, Irma. 1993. Analisis de Datos. [En línea] 1993. https://dspace.ups.edu.ec/bitstream/123456789/8180/1/UPS-QT06544.pdf.

HERNANDEZ Hermosillo, Silvia. 2013. Poblacion y muestra. Universidad Autonoma Del Estado De Hidalgo, Mexico : 2013.

HUAMANI Gamarra, Zayda y CONDORI Ñahuinlla, Visayda. 2018. Aplicación del estabilizador Z con polímero en el incremento del valor del CBR del material utilizado como afirmado en la carretera departamental ap-103, tramo puente Ullpuhuaycco –

Karkatera (l= 14.050 kms) Abancay-Apurímac 2018. Abancay : Universidad Tecnologica de los Andes, 2018.

LOPEZ Carrasquero, Francisco. 2004. Fundamentos de polimero. Merida : s.n., 2004.

Marroquin Peña, Roberto. 2012. Confiabilidad y Validez de instrumentos de investigacion. Universidad Nacional De Educacion Enrique Guzmán Y Valle, Lima : 2012.

MARROQUIN Peña, Roberto. 2012. Metologia de la investigación. Universidad Nacional De Educacion Enrique Guzmán Y Valle, Lima : 2012.

Ministerio de Economia y Finanzas. 2015. Pautas metodológicas para el desarrollo de alternativas de pavimentos en la formulacion y evaluacion social de proyectos de inversion publica de carreteras. Lima : s.n., 2015.

Ministerio de Transportes y Comunicaciones. 2013. Glosario de términos de uso frecuente en proyectos de infraestructura vial. Lima : s.n., 2013.

—. **2013.** Manual de Carreteras Suelo - Suelo, Geologia, Geotecnia y Pavimentos. Lima : s.n., 2013.

—. **2008.** Manual para diseño de carreteras no pavimentadas de bajo volumen de tránsito. Lima : s.n., 2008.

—. **2016.** Reglamento Nacional de Gestion de Infraestructura Vial. Lima : s.n., 2016.

—. **2014.** Suelo, Geologia y pavimento - Sección Suelos y Pavimentos. Lima : s.n., 2014.

MURILLO Hernández, W. 2008. La investigación cientifica. 2008.

Nesterenko Cortes, Darko. 2018. Desempeño de suelos estabilizados con polimeros en Perú. Universidad De Piura, Piura : 2018.

NESTERENKO Cortes, Darko. 2018. Desempeño de suelos estabilizados con polimeros en Perú. Universidad De Piura, Piura : 2018.

RAMOS vasquez,, Juan David y LOZANO Gomez, Juan Pablo. 2019. Estabilizacion de suelo mediante aditivos alternativos. Bogota : Universidad Catolica de Colombia, 2019.

RUIZ, Ramon. 2007. El metodo cientifico y sus etapas. Mexico : s.n., 2007.

SABINO, Carlos. 1992. El proceso de investigación. Caracas : s.n., 1992.

SALINAS, Pedro J. 2012. Metodologia de la invetigación cientifica. Merida : s.n., 2012.

Villanueva Flores, Silvia Monica. 2017. Propuesta de estabilización de carreteras de bajo volumen de transito en la sierra, sobre los 2000 m.s.n.m., utilizando poliacrilamida anionica, organosilano y sulfonatado. Universidad Ricardo Palma, LIma : 2017.

ANEXOS

- **MATRIZ DE CONSISTENCIA**

MATRIZ DE CONSISTENCIA

<u>TITULO</u>: "APLICACIÓN DEL POLÍMERO POLIACRILAMIDA (PAM) PARA EL MEJORAMIENTO DE LAS CARRETERAS VECINALES EN LA PROVINCIA DE ANGARAES – HUANCAVELICA 2021.

PROBLEMA	OBJETIVOS	HIPÓTESIS	VARIABLE	METODOLOGIA
PROBLEMA GENERAL: ¿De qué manera influye la aplicación del polímero poliacrilamida (PAM) en la estabilización del suelo en las carreteras vecinales de la Provincia de Angaraes - Huancavelica? **PROBLEMAS ESPECÍFICOS** ¿Cuál es el comportamiento del Índice de plasticidad del suelo estabilizado con la aplicación del polímero poliacrilamida (PAM)? ¿Cuáles son los valores de la capacidad de soporte (CBR) obtenidos del suelo estabilizado con la aplicación del polímero poliacrilamida (PAM)? ¿De qué manera mejoraría los niveles de servicio con la aplicación de polímero poliacrilamida (PAM)?	**OBJETIVO GENERAL:** Determinar la influencia de la aplicación del polímero poliacrilamida (PAM) en la estabilización del suelo de las carreteras vecinales de la Provincia de Angaraes – Huancavelica. **OBJETIVOS ESPECÍFICOS** Analizar el comportamiento del índice de plasticidad del suelo estabilizado con la aplicación de polímero poliacrilamida. Evaluar los valores de capacidad de soporte (CBR) obtenidos del suelo estabilizado con la aplicación del polímero poliacrilamida (PAM). Explicar de qué manera mejoraría los niveles de servicio con la aplicación del polímero poliacrilamida (PAM).	**HIPÓTESIS GENERAL:** Influirá en las propiedades físico - mecánicas con la aplicación del polímero poliacrilamida (PAM) en la estabilización del suelo de las carreteras vecinales en la Provincia de Angaraes – Huancavelica. **HIPÓTESIS ESPECÍFICA:** El índice de plasticidad del suelo estabilizado se reduce con la aplicación del polímero poliacrilamida (PAM). Los valores de la capacidad de soporte (CBR) de suelo estabilizado aumentaran significativamente con la aplicación del polímero poliacrilamida (PAM). Se conservaría los niveles de servicio a largo plazo con la aplicación del polímero poliacrilamida (PAM).	**VARIABLE INDEPENDIEN TE:** Polímero Poliacrilamida (PAM) **VARIABLE DEPENDIENTE**: Estabilización del Suelo	**METODO DE INVESTIGACIÓN:** El método de investigación es científico, debido a que se realizó mediante pasos ordenados para adquirir conocimientos fiables a través de las hipótesis y la observación, mediante la comprobación con la experimentación. **TIPO DE INVESTIGACION:** La presente tesis es un tipo de investigación aplicativo, debido a busca mecanismos y estrategias que permite establecer un objetivo concreto que es la estabilización del suelo a través de la aplicación del polímero poliacrílica. **NIVEL DE INVESTIGACIÓN** Investigación descriptiva y explicativa. **EL DISEÑO:** Es diseño cuasi experimental **POBLACIÓN** Todas las carreteras vecinales de la provincia de Angaraes Región Huancavelica. **MUESTRA** La muestra constituida por la carretera vecinal Lircay – Jatumpata – Mitoccasa –Dv. Ccollpa – Pitinpata – Perccapampa, la cual posee una longitud de 16 + 670 km. **TECNICAS E INSTRUMETOS DE RECOLECCIÓN DE DATOS:** Las principales técnicas que se realizo es el muestreo de cantera. Los instrumentos que se utilizarán serán equipos de laboratorio de mecánica de suelos. **PROCESAMIENTO DE INFORMACION** Una vez efectuado el muestreo se realizará los ensayos de laboratorio como la granulometría, determinación de los límites de atterberg, clasificación AASTHO y SUCS, ensayo de Proctor Modificado y Ensayo de CBR **TECNICA Y ANALISIS DE DATOS:** Los datos de la Investigación se procesarán y analizarán como la Distribución de Frecuencias y Representaciones Gráficas

I want morebooks!

Buy your books fast and straightforward online - at one of world's fastest growing online book stores! Environmentally sound due to Print-on-Demand technologies.

Buy your books online at
www.morebooks.shop

¡Compre sus libros rápido y directo en internet, en una de las librerías en línea con mayor crecimiento en el mundo! Producción que protege el medio ambiente a través de las tecnologías de impresión bajo demanda.

Compre sus libros online en
www.morebooks.shop

info@omniscriptum.com
www.omniscriptum.com

Printed by Books on Demand GmbH, Norderstedt / Germany